K. Punithavalli
S. Anbu
P. Saranraj

Resíduos de cascas de frutos para cultivo de fungos de importância industrial

AF301665

K. Punithavalli
S. Anbu
P. Saranraj

Resíduos de cascas de frutos para cultivo de fungos de importância industrial

ScienciaScripts

Imprint

Any brand names and product names mentioned in this book are subject to trademark, brand or patent protection and are trademarks or registered trademarks of their respective holders. The use of brand names, product names, common names, trade names, product descriptions etc. even without a particular marking in this work is in no way to be construed to mean that such names may be regarded as unrestricted in respect of trademark and brand protection legislation and could thus be used by anyone.

Cover image: www.ingimage.com

This book is a translation from the original published under ISBN 978-620-2-19848-6.

Publisher:
Sciencia Scripts
is a trademark of
Dodo Books Indian Ocean Ltd. and OmniScriptum S.R.L publishing group

120 High Road, East Finchley, London, N2 9ED, United Kingdom
Str. Armeneasca 28/1, office 1, Chisinau MD-2012, Republic of Moldova, Europe
Printed at: see last page
ISBN: 978-620-8-05135-8

Copyright © K. Punithavalli, S. Anbu, P. Saranraj
Copyright © 2024 Dodo Books Indian Ocean Ltd. and OmniScriptum S.R.L publishing group

ÍNDICE

Resumo

As cascas dos frutos selecionados para o presente estudo (pinha, manga, jaca, banana amarela, banana verde, lima doce e romã) foram recolhidas numa frutaria em Tirupattur, distrito de Vellore, Tamil Nadu, Índia. As cascas dos frutos recolhidos foram secas à sombra, reduzidas a pó com a ajuda de um misturador, embaladas em tampa de plástico e armazenadas à temperatura ambiente. Os isolados fúngicos de importância industrial, *nomeadamente Aspergillus niger, Rhizopus stolonifer* e *Penicillium chrysogenum*, foram isolados pela técnica de placa aberta. A identificação dos isolados fúngicos foi efectuada através dos métodos de rotina, ou seja, (i) pelo método de coloração Lactofenol Cotton Blue (LPCB) e (ii) por plaqueamento em ágar dextrose de Sabouraud. Foi estudado o efeito de sete resíduos de cascas de fruta diferentes no crescimento qualitativo e quantitativo de fungos industrialmente importantes. Na análise quantitativa, o inóculo fúngico adicionado ao caldo foi incubado à temperatura ambiente durante 5 dias. O crescimento dos fungos foi medido no espetrofotómetro UV-vis a 580 nm durante os 3rd dias e os 5th dias. A análise das cascas de fruta através do espetrofotómetro de infravermelhos com transferência de Fourier (FT-IR) foi utilizada para investigar os seus constituintes químicos e grupos funcionais.

Palavras chave: Resíduos de cascas de frutos, fungos, *Aspergillus niger, Rhizopus stolonifer* e *Penicillium chrysogenum*.

1. INTRODUÇÃO

O aumento constante da população e a industrialização resultaram num aumento súbito da poluição. Devido aos efeitos prejudiciais da poluição para os seres humanos, animais e plantas, o aumento constante da poluição está a causar preocupação em todo o mundo (Gao *et al.*, 2010). Atualmente, uma das principais preocupações ambientais nas zonas urbanas é a questão da gestão dos resíduos sólidos. Na Índia, a recolha, o transporte e a eliminação de resíduos sólidos são normalmente efectuados de forma não científica e caótica (Carlsson *et al.*, 2012). O despejo descontrolado de resíduos na periferia das cidades criou aterros sanitários que transbordam, que não só são impossíveis de recuperar devido à forma aleatória de despejo, mas também têm sérias implicações ambientais em termos de poluição das águas subterrâneas e contribuição para o aquecimento global (Manigat *et al.*, 2010).

A atual produção de fruta da Índia é de cerca de 32 milhões de toneladas métricas (MMT), representando cerca de 8 % da produção mundial de fruta (Ravi *et al.*, 2007). A Índia é o segundo maior produtor de frutas depois da China. Na Índia é cultivada uma grande variedade de frutos, dos quais a manga, a banana, a laranja, a goiaba, a uva, o ananás e a maçã são os principais. Para além destes, frutos como a papaia, sapota, annona, phalsa, jaca, baga, romã são cultivados em zonas tropicais e subtropicais e pêssego, pera, amêndoa, noz, alperce e morango nas zonas temperadas. Embora a fruta seja cultivada em todo o país, os principais Estados produtores de fruta são Maharashtra, Tamil Nadu, Karnataka, Andhra Pradesh, Bihar, Uttar Pradesh e Gujarat.

A melhoria da produção de frutas e produtos hortícolas através de práticas agrícolas eficientes mobiliza enormes investimentos na transformação de frutas e produtos hortícolas em todo o mundo. A banana, o ananás e a papaia estão entre os frutos mais amplamente aceites e plantados a nível comercial em todo o mundo (Jamal *et al.*, 2012). A produção de resíduos através destes frutos está a aumentar devido ao aumento sustentado da população mundial, à melhoria do crescimento económico nos países em desenvolvimento e à melhoria do acesso à educação nutricional nos países com elevada produção de frutos.

Os resíduos provenientes dos frutos acima mencionados incluem cascas, polpa e sementes que constituem cerca de 40% da massa total de cada fruto. A maioria destes resíduos foi frequentemente eliminada de forma incorrecta, constituindo assim grandes perturbações ambientais (Essien *et al.*, 2005; Lim *et al.*, 2010). Os locais de despejo de resíduos de fruta dão o impulso necessário para o desenvolvimento de vectores, bactérias patogénicas e leveduras. Uma abordagem popular para mitigar o mau manuseamento dos resíduos de fruta é a deposição em aterro e a incineração. Estes métodos orquestram um problema agudo de poluição atmosférica ao gerar lixiviados maciços que contaminam as águas subterrâneas e destroem vidas aquáticas (Taskin *et al.*, 2010; Ali *et al.*, 2014).

A casca de banana, a casca de ananás, a casca de manga e a casca de papaia (Pp) são os principais resíduos gerados pelo processamento de fruta e pelas indústrias agro-alimentares (Rasu Jayabalan *et al.*, 2010). Estes resíduos contêm açúcares simples e complexos que são metabolizáveis por microrganismos através da secreção de produtos extracelulares (Saheed *et al.*, 2013). As cascas de frutas, que constituem uma grande parte dos fluxos de resíduos, fornecem ancoragem para fungos filamentosos durante o processo de bioconversão (Essien *et al.*, 2005). A bioconversão de resíduos de um único fruto é uma prática comum na valorização de cascas de frutos. Os resíduos de ananás, de palmeiras e de mandioca têm sido objeto de atenção para a sua conversão em bioetanol, biogás e alimentos para animais (Alam *et al.*, 2005, Dhanasekaran *et al.*, 2011; Tijani *et al.*, 2012). A conceção de esquemas de tratamento para resíduos agrícolas específicos limita a eficiência da recolha de resíduos e prolonga o período de tratamento. Por conseguinte, a adoção de um método que acomode vários resíduos de fruta é altamente robusto, barato e realista na melhoria dos impedimentos associados à eliminação de resíduos de fruta (Aggelopoulos *et al.*, 2014). O cultivo de células microbianas (bactérias, leveduras e fungos) que convertem os resíduos de fruta em produtos de valor acrescentado, como a biomassa que pode servir de suplemento alimentar para animais, é uma abordagem única.

O custo de todos os meios microbiológicos está a aumentar a um ritmo acelerado. Para resolver este problema, devem ser concebidos novos meios microbiológicos que sejam eficientes e económicos. Isto pode ser conseguido utilizando resíduos agrícolas como matérias-primas para meios microbianos. Foi relatada a utilização de resíduos agrícolas como substrato para culturas de fungos para a produção de produtos de valor acrescentado, o que inclui a produção de celulase por alguns fungos cultivados em resíduos de ananás (Omojasola *et al.*, 2008). A produção de carotenóides é efectuada em resíduos agrícolas utilizando *Blakeslea trispora* (Papaioannou e Liakopoulou Kyriakides, 2012) e a produção de enzima celulase em resíduos agrícolas por *Aspergillus niger* (Milala *et al.*, 2005). O bagaço de cana-de-açúcar também foi relatado como uma fonte de energia para a produção de lipase por *Aspergillus fumigatus* (Naqvi *et al.*, 2013).

Um meio de cultura é um líquido ou gel concebido para suportar o crescimento de microrganismos. Os meios disponíveis no mercado são muito dispendiosos. A prática rotineira exige uma grande quantidade de meios de cultura numa base regular para experiências em placas de sementeira, placas de vazamento e placas de espalhamento. A disponibilidade de meios de baixo custo, ricos em nutrientes e com resultados comparativos, é uma necessidade atual. A procura de meios alternativos e baratos para utilização em agentes de laboratório para experiências microbiológicas de rotina está a decorrer. A investigação recente tem-se centrado na procura de alternativas aos agentes gelificantes dos meios de cultura, em particular o ágar, e aos meios de cultura em geral, devido ao seu preço exorbitante (Tharmila *et al.*, 2011; Mateen *et al.*, 2012; Ravimannan *et al.*, 2014).

Geralmente, os fungos são cultivados em ágar dextrose de batata (PDA), ágar dextrose de Sabouraud (SDA), ágar Rosa de Bengala (RBA) ou ágar de farinha de milho (CMA), que são muito caros. Basicamente, cada fungo necessita de carbono, azoto e fonte de energia para crescer e sobreviver. Os resíduos de cascas de fruta podem satisfazer estes requisitos e funcionar como um meio de crescimento fúngico, podendo substituir os meios dispendiosos existentes no mercado. Isto trará a vantagem de uma contaminação mínima nas culturas, uma vez que não satisfaz as necessidades de todos os micróbios.

Os resíduos de cascas de fruta têm sido explorados para a produção de muitos produtos de elevado valor, mas o seu potencial como meio de crescimento fúngico nunca foi referido. O objetivo do presente estudo foi conceber um meio rentável e eficiente para culturas de fungos, ou seja, *Aspergillus niger*, *Rhizopus stolonifer* e *Penicillium chrysogenum*, utilizando resíduos de cascas de fruta como matéria-prima.

OBJECTIVO DA PRESENTE INVESTIGAÇÃO

Formular o meio de baixo custo usando resíduos de cascas de frutas para o cultivo de fungos industrialmente importantes.

OBJECTIVOS DA PRESENTE INVESTIGAÇÃO

1) Recolha de cascas de fruta no mercado de fruta

2) Trituração de resíduos de cascas de frutos recolhidos

3) Isolamento e identificação de isolados fúngicos industrialmente importantes do ar.

4) Preparação de um meio de baixo custo utilizando cascas de fruta para o cultivo de fungos de importância industrial.

5) Estimativa qualitativa e quantitativa do crescimento fúngico em meio de baixo custo de casca de fruta.

6) Análise dos grupos funcionais presentes nas cascas de frutos por análise FT-IR.

2. REVISÃO DA LITERATURA

As questões ambientais e as preocupações com a redução da poluição ambiental têm impulsionado a busca por tecnologias limpas a serem utilizadas na produção de insumos importantes para as indústrias química, energética e alimentícia. Essa prática faz uso de materiais alternativos, requer menos energia e diminui os poluentes nos efluentes industriais, além de ser economicamente mais vantajosa devido aos seus custos reduzidos. Diante desse cenário, a utilização de resíduos de origem agroindustrial, florestal e urbana em bioprocessos tem despertado o interesse da comunidade científica nos últimos tempos. Tem sido relatada a utilização desses materiais como substratos para o cultivo microbiano destinado à produção de proteínas celulares, ácidos orgânicos, cogumelos, metabólitos secundários biologicamente importantes, enzimas, oligossacarídeos prebióticos e como fontes de açúcares fermentáveis na produção de etanol de segunda geração (Sanchez, 2009).

As actividades agrícolas e agro-industriais geram uma grande quantidade de subprodutos lenhinocelulósicos, tais como bagaço, palha, caule, talo, espiga, casca de fruta e casca, entre outros. Esses resíduos são compostos principalmente de celulose (35 % - 50 %), hemicelulose (25 % - 30 %) e lignina (25 % - 30 %) (Behera *et al.*, 2016). Normalmente, nos materiais lignocelulósicos, o principal constituinte da celulose é a glucose; a hemicelulose é um polímero heterogéneo que é composto principalmente por cinco açúcares diferentes (L-arabinose, D-galactose, D-glucose, D-manose e D-xilose) e alguns ácidos orgânicos; enquanto a lenhina é formada por uma estrutura tridimensional complexa de unidades de fenilpropano (Mussatto *et al.*, 2012).

Hoje em dia, com a ascensão da classe média e o rápido crescimento económico na Índia, são cada vez mais consumidas diferentes variedades de frutos produzidos na Índia e noutros países. Devido ao elevado consumo e à transformação industrial das partes comestíveis dos frutos, os resíduos de frutos, como a banana, as uvas, a fruta do dragão, a laranja, o morango, o limão, a melancia, os citrinos, a romã, os resíduos de ananás, o bagaço de cana-de-açúcar e outros resíduos de frutos são gerados em grandes quantidades nas cidades. Os resíduos de frutas tornaram-se uma das principais fontes de resíduos sólidos urbanos, que têm sido uma questão ambiental cada vez mais difícil.

Atualmente, as duas principais técnicas de eliminação de resíduos sólidos são a deposição em aterro e a incineração. No entanto, uma gestão inadequada dos aterros resultará em emissões de metano e dióxido de carbono, e a incineração implica a subsequente formação e libertação de poluentes e resíduos secundários, tais como dioxinas, furanos, gases ácidos e partículas, que representam graves riscos para o ambiente e a saúde. Por estas razões, há uma necessidade urgente de procurar recursos e uma utilização de valor acrescentado para os resíduos de frutos. De facto, a utilização barata e facilmente disponível dos resíduos da indústria agroalimentar é altamente rentável e minimiza o impacto ambiental (Deng *et al.*, 2012; Zhou *et al.*, 2016). Há uma necessidade premente de procurar os usos efectivos destes materiais sólidos no estrume, na alimentação do gado, etc. Para além disso, a fruta contém muitos fitoquímicos, que podem ser um agente terapêutico para as terríveis doenças modernas. Uma das abordagens mais benéficas é o facto de a casca do fruto também poder ser utilizada como agente redutor para a síntese de vários materiais não materiais

RESÍDUOS AGRO-INDUSTRIAIS - PRODUÇÃO E COMPOSIÇÃO

Os resíduos agro-industriais são gerados durante a transformação industrial de produtos agrícolas ou animais. Os resíduos derivados de actividades agrícolas incluem materiais como palha, caule, talo, folhas, casca, cascas, fiapos, sementes/pedras, polpa ou restolho de frutos, leguminosas ou cereais (arroz, trigo, milho, sorgo e cevada), bagaços gerados na moagem de cana-de-açúcar ou sorgo doce, borras de café usadas, grãos usados de cerveja e muitos outros. Estes resíduos são gerados em grandes quantidades ao longo do ano e são os recursos renováveis mais abundantes na Terra. São constituídos principalmente por açúcares, fibras, proteínas e minerais, que são compostos de interesse industrial. Devido à grande disponibilidade e à sua composição rica em compostos que podem ser utilizados noutros processos, existe um grande interesse na reutilização destes resíduos, tanto do ponto de vista económico como ambiental. O aspeto económico baseia-se no facto de estes resíduos poderem ser utilizados como matérias-primas de baixo custo para a produção de outros compostos de valor acrescentado, com a expetativa de reduzir os custos de produção. A preocupação ambiental deve-se ao facto de a maioria dos resíduos agro-industriais conter compostos fenólicos e/ou outros compostos com potencial tóxico, que podem causar a deterioração do ambiente quando os resíduos são descarregados na natureza.

Grande parte dos resíduos agro-industriais são compostos principalmente por celulose, hemicelulose e lignina, sendo denominados "materiais lignocelulósicos". Nos materiais lignocelulósicos, estas três fracções estão intimamente associadas entre si, constituindo o complexo celular da biomassa vegetal, e formando uma estrutura complexa que actua como barreira protetora à destruição celular por bactérias e fungos. Basicamente, a celulose forma um esqueleto que é rodeado por hemicelulose e lignina.

A estrutura da celulose é composta apenas por unidades de glucose, ou seja, é um homopolímero onde as unidades de celobiose são repetidas sequencialmente (Klemm *et al.*, 1998). Os polímeros de celulose de cadeia longa, que podem ter até 10.000 unidades de glicose, estão ligados entre si por ligações de hidrogénio e de van der Walls, o que faz com que a celulose se empacote em microfibrilas (Ha *et al.*, 1998). Ao formar estas ligações de hidrogénio, as cadeias tendem a organizar-se em paralelo e a formar uma estrutura cristalina. As microfibrilas de celulose têm regiões altamente cristalinas (cerca de 2/3 da celulose total) e regiões amorfas menos ordenadas. A celulose mais ordenada ou cristalina é menos solúvel e menos degradável, sendo fortemente resistente a produtos químicos (Taherzadeh e Karimi, 2008).

Ao contrário da celulose, a hemicelulose é um polímero heterogéneo geralmente composto por cinco açúcares diferentes (L-arabinose, D-galactose, D-glucose, D-manose e D-xilose) e alguns ácidos orgânicos (ácidos acético e glucurónico, entre outros). A estrutura da hemicelulose é linear e ramificada. A espinha dorsal da cadeia de hemicelulose pode ser formada por unidades repetidas do mesmo açúcar (homopolímero) ou por uma mistura de diferentes açúcares (heteropolímero). De acordo com o açúcar principal na espinha dorsal, a hemicelulose tem diferentes classificações, por exemplo, xilanos, glucanos, mananos, arabinanos, xiloglucanos, arabinoxilanos, glucuronoxilanos, glucomananos, galactomananos, galactoglu comannanos e glucanos. Para além das diferenças na composição química, a hemicelulose também difere da estrutura da celulose noutros aspectos, incluindo 1) o tamanho da cadeia, que é muito menor (contém aproximadamente 50 - 300 unidades de açúcar); 2) a presença de ramificações nas moléculas da cadeia principal, e 3) ser amorfa, sendo menos resistente a produtos químicos (Fengel e Wegener, 1989).

A estrutura da lenhina não é formada por unidades de açúcar, mas por unidades de fenilpropano ligadas numa estrutura tridimensional grande e muito complexa. Três álcoois fenilpropiónicos são normalmente encontrados como monómeros da lenhina, que incluem os álcoois p-cumarílico, coniferílico e sinapílico. A lenhina está intimamente ligada à celulose e à hemicelulose e a sua função é conferir rigidez e coesão à parede celular do material, conferir impermeabilidade à água nos vasos do xilema e formar uma barreira físico-química contra o ataque microbiano (Fengel e Wegener, 1989).

A porcentagem de celulose, hemicelulose e lignina é diferente para cada resíduo, pois varia de uma espécie vegetal para outra, e também de acordo com o processo a que o material agrícola foi submetido. Além disso, as proporções entre os vários constituintes de uma única planta também podem variar com a idade, o estágio de crescimento e outras condições. Normalmente, a celulose é a fração dominante na parede celular das plantas (35 - 50%), seguida da hemicelulose (20 - 35%) e da lenhina (10 - 25%).

A presença de açúcares, proteínas, minerais e água faz dos resíduos agro-industriais um ambiente adequado para o desenvolvimento de microrganismos, principalmente estirpes de fungos, que são capazes de crescer rapidamente nestes resíduos. Se as condições de cultivo forem controladas, podem ser produzidos diferentes produtos de interesse industrial, evitando a perda de potenciais fontes de energia.

Há uma procura crescente de energia em todo o mundo no sentido da utilização de recursos renováveis, a partir de resíduos agrícolas e florestais. Os principais componentes dos resíduos são a celulose, a lenhina e a pectina. Estes materiais têm merecido maior atenção como matéria-prima alternativa e fonte de energia, uma vez que estão disponíveis em abundância. Vários microrganismos são capazes de utilizar estas substâncias como fontes de carbono e energia, produzindo uma vasta gama de enzimas em diferentes condições ambientais. Os resíduos sólidos são vistos como matéria indesejável que é gerada a partir de actividades humanas e animais. As fontes de resíduos sólidos incluem vários sectores, tais como instalações residenciais, industriais, comerciais, institucionais e agrícolas.

Os resíduos de frutos podem causar graves problemas ambientais, uma vez que se acumulam nos pátios agro-industriais sem terem qualquer valor comercial significativo. Uma vez que a eliminação destes resíduos é dispendiosa devido aos elevados custos de transporte e a uma disponibilidade limitada de aterros, são eliminados sem escrúpulos, causando preocupações como problemas ambientais. Além disso, o problema da eliminação de subprodutos é ainda agravado por restrições legais. O elevado nível de CBO e de CQO nos resíduos de ananás aumenta as dificuldades de eliminação. Os investigadores têm-se concentrado na co-digestão de resíduos de frutos juntamente com vários outros resíduos de frutos e vegetais, estrume e resíduos de matadouros para reduzir os sólidos voláteis em 50 a 65% (Alvarez e Liden, 2007). Recentemente, foi relatada a compostagem de resíduos de ananás utilizando minhocas

(Mainoo *et al.*, 2009). Relataram que a vermicompostagem decompôs rapidamente cerca de 99% da massa húmida da polpa de fruta, enquanto a casca teve uma perda de peso de quase 87%. O pH dos resíduos mudou de ácido para neutro ou alcalino durante a compostagem. No entanto, a relação custo-eficácia ainda não foi estudada.

CASCAS DE FRUTAS

A transformação de frutos tropicais e subtropicais tem rácios consideravelmente mais elevados de subprodutos do que os frutos temperados (Schieber *et al.*, 2001). Os subprodutos da fruta não são exceção e consistem basicamente na polpa residual, nas cascas, no caule e nas folhas. O aumento da produção de produtos transformados de ananás resulta numa produção massiva de resíduos. Isto deve-se principalmente à seleção e eliminação de componentes impróprios para consumo humano. Além disso, o manuseamento incorreto dos frutos e a exposição a condições ambientais adversas durante o transporte e o armazenamento podem causar até 55 % de resíduos do produto

(Nunes *et al.*, 2009). Estes resíduos são geralmente susceptíveis de deterioração microbiana, limitando assim a sua exploração posterior. Além disso, a secagem, o armazenamento e o transporte destes resíduos são económicos, pelo que a sua utilização eficiente, barata e ecológica é cada vez mais necessária.

A casca, também conhecida como courato ou pele, é a camada protetora exterior de um fruto ou vegetal. Botanicamente, a casca é normalmente o exocarpo, que inclui a casca dura em frutos como os frutos secos. Dependendo da espessura e do sabor, a casca é por vezes consumida como parte do fruto, como acontece com as maçãs. Nalgumas frutas, como a banana ou a uva, a casca é desagradável ou não é comestível; por isso, é removida e deitada fora.

Oladiji *et al.* (2010) referiram que a maioria das cascas de fruta são descartadas como resíduos depois de as porções interiores carnudas terem sido consumidas. É vital que as cascas sejam removidas da maioria das frutas antes de serem consumidas e, mais importante ainda, antes de serem utilizadas nas indústrias de sumos de fruta para evitar a contaminação. A transformação de frutos em sumos reduz e evita o desperdício quando os frutos estão na época.

Olukunle *et al.* (2007) opinaram que o sumo de fruta é a melhor coisa a seguir à fruta fresca e pode ser embalado em recipientes assépticos, facilmente transportáveis, que são menos susceptíveis a danos e têm um tempo de armazenamento relativamente longo. A extração e separação do sumo abrem, portanto, novas oportunidades de mercado para adaptar os produtos de fruta às exigências dos consumidores modernos.

No momento da produção de sumo de fruta, são produzidas muitas cascas. Se não forem tratadas, podem causar poluição ambiental e problemas de saúde. As cascas podem ser removidas manualmente, mecanicamente e através da utilização de enzimas. Na indústria, são utilizados muito dinheiro, tempo, equipamento e outros recursos para remover as cascas. A remoção enzimática das cascas pode ser mais barata e mais eficaz do que os métodos manuais e mecânicos. A utilização de enzimas no fabrico de vários produtos industriais está amplamente difundida (Forgatty e Kelly, 2013). O desenvolvimento de micróbios que sintetizem estas enzimas será então útil para o homem.

Mondal *et al.* (2012) utilizaram cascas de pepino e laranja para avaliar a produção de proteína unicelular utilizando *Saccharomyces cerevisiae* por fermentação submersa. Os autores afirmam que a bioconversão de resíduos de frutas para a produção de proteínas unicelulares tem o potencial de resolver a deficiência mundial de proteínas alimentares através da obtenção de um produto económico para alimentação humana e animal. Os resíduos de frutos ricos em hidratos de carbono e outros nutrientes básicos podem apoiar o crescimento microbiano. As cascas de maçã, nabo, papaia e banana foram utilizadas para a fermentação alcoólica e a produção de biomassa por Kondari e Gupta (2012). Foi registada a utilização de sementes de leguminosas como meio nutritivo alternativo para bactérias e fungos (Tharmila *et al.*, 2011; Arulanantham *et al.*, 2012; Ravimannan *et al.*, 2014).

UITILIZAÇÃO DE RESÍDUOS DE CASCAS DE FRUTAS PARA O CULTIVO DE FUNGOS

Os resíduos são materiais que ainda não foram totalmente utilizados. São os restos da produção e do consumo. No entanto, os resíduos são um resultado dispendioso e por vezes inevitável da atividade humana. Inclui materiais vegetais, resíduos e detritos agrícolas, domésticos, industriais e municipais (Okonkwo *et al.*, 2006). A eliminação de resíduos agrícolas na terra e em massas de água é comum e tem causado graves riscos ecológicos (Smith *et al.*, 1987). Nos países em desenvolvimento, há um interesse crescente na utilização de resíduos orgânicos gerados pelo sector de processamento de alimentos e por outros empreendimentos humanos. Este facto conduziu a uma nova política orientada para a utilização completa das matérias-primas, de modo a que pouco ou nenhum resíduo seja deixado para causar problemas de poluição (Ofuya e Nwajuiba, 1990).

A Índia é o segundo maior produtor de frutas e produtos hortícolas do mundo. Contribui com 10 % da produção mundial de fruta. De acordo com o India Agricultural Research Data Book 2016, o total de resíduos gerados a partir de frutas e produtos hortícolas ascende a 50 milhões de toneladas por ano. Os resíduos de frutos ricos em hidratos de carbono e outros nutrientes básicos podem apoiar o crescimento microbiano. Assim, os resíduos da transformação de frutos são substratos úteis para a produção de proteínas microbianas. A utilização de resíduos de frutos na produção de SCP ajudará a controlar a poluição e também a resolver, em certa medida, o problema da eliminação de resíduos, para além de satisfazer a escassez mundial de alimentos ricos em proteínas.

Prevê-se que a fruta descartada, bem como os resíduos, possam ser utilizados para outros processos industriais como a fermentação, a extração de componentes bioactivos, etc. Têm sido efectuados numerosos trabalhos sobre a utilização de resíduos obtidos nas indústrias de frutas e legumes, de lacticínios e de carne. A este respeito, foram feitos vários esforços para utilizar os resíduos de ananás obtidos de diferentes fontes. Os resíduos das fábricas de conservas de ananás têm sido utilizados como substrato para a bromelaína, ácidos orgânicos, etanol, etc., uma vez que são uma fonte potencial de açúcares, vitaminas e factores de crescimento (Larrauri *et al.*, 1997; Nigam, 1999; Dacera *et al.*, 2009). Desde há décadas que têm sido efectuados vários estudos para tentar explorar a possibilidade de utilizar estes resíduos. No passado, o açúcar foi obtido a partir de efluentes de ananás por permuta iónica e posteriormente utilizado em xarope para enlatar fatias de ananás (Beohner e Mindler, 1949). Este trabalho tentará recolher e reunir informações sobre a utilização de resíduos de ananás.

Métodos insuficientes e impróprios de eliminação de resíduos sólidos resultam em danos paisagísticos, riscos graves para a saúde pública (incluindo a poluição do ar e dos recursos hídricos), riscos de acidentes e aumento de roedores e insectos vectores de doenças. Os resíduos tratados de forma inadequada acabam por se tornar um incómodo para o público e interferem com a vida e o desenvolvimento da comunidade (Tchobanoglous e Theisen, 1993). As indústrias de base agrícola geram quantidades significativas de resíduos orgânicos, incluindo cascas de mandioca, banana, banana, laranjas e palha de cereais. Em vez de permitir que estes resíduos se transformem em resíduos sólidos urbanos, é necessário convertê-los em produtos finais úteis. Atualmente, já se percebeu que estes resíduos podem ser utilizados como matérias-primas baratas para algumas indústrias ou como substratos baratos para processos microbiológicos (Nwabueze e Otowa, 2006). A indústria de transformação de alimentos gera anualmente uma grande quantidade de resíduos, incluindo resíduos de colheitas como cascas, peles, espigas e cascas (Gomez Pazos *et al.*, 2005). Estes resíduos são ricos em açúcar e são facilmente assimilados pelos microrganismos, o que os torna materiais adequados para o crescimento de microrganismos. A incapacidade de recuperar e reutilizar economicamente esses materiais resulta em desperdício desnecessário e esgotamento dos recursos naturais (Selke, 1990; Tchobanoglous e Theisen, 1993).

Os fungos constituem um dos maiores grupos de plantas com a mais rica variedade de espécies. São um grupo de organismos eucarióticos com esporos, aclorofilados, que geralmente se reproduzem de forma assexuada e sexuada (Pelczar *et al.*, 1993). Alguns são agentes de doenças nas plantas (parasitas), enquanto outros são saprófitas. Os fungos saprófitas tendem a ser responsáveis pela maior parte da desintegração de materiais orgânicos, e alguns deles tornam os alimentos tóxicos (Pelczar *et al.*, 1993). Os fungos saprófitas representam a maior proporção de espécies fúngicas e desempenham um papel crucial na decomposição de compostos químicos vegetais como a celulose, a hemicelulose e a lenhina, contribuindo assim para a manutenção do ciclo global do carbono. Os fungos crescem em diversos habitats na natureza e são cosmopolitas, necessitando de vários elementos específicos para o seu crescimento e reprodução. No laboratório, os fungos são isolados em meios de cultura específicos para cultivo, preservação, exame macroscópico e caraterização bioquímica e fisiológica. É utilizada uma vasta gama de meios para o isolamento de diferentes grupos de fungos. Estes meios influenciam o crescimento vegetativo e das colónias, a morfologia, a pigmentação e a esporulação, dependendo da sua composição, pH, temperatura, luz, disponibilidade de água e mistura de gases atmosféricos circundantes (Northolt e Bullerman, 1982; Kuhn e Ghonnoum, 2003).

Os fungos são um componente importante do microbiota do solo, tendo normalmente uma biomassa mais elevada do que as bactérias, dependendo da profundidade do solo e das condições nutricionais (Ainsworth e Bisby, 1995). Geralmente, os meios de cultura para os fungos contêm fontes de carbono e azoto, e a maioria dos fungos necessita de vários elementos específicos para o seu crescimento e reprodução (Walker e White, 2005; Gao *et al.*, 2007). O meio de cultura é definido como qualquer material no qual os microrganismos encontram alimento para o seu crescimento e desenvolvimento (Pelczar *et al.*, 1993). Os fungos, como qualquer outro organismo vivo, necessitam de nutrientes para os seus processos vitais. Isto é óbvio pelo facto de se alimentarem de uma variedade de substâncias alimentares (Hawker e Alan, 1979). A investigação sobre a composição dos meios de cultura estabeleceu que os ingredientes importantes, como o azoto, o carbono (uma fonte de energia), as vitaminas e os factores de crescimento, principalmente os sais minerais essenciais, são necessários para o crescimento dos fungos (Ruth *et al.*, 2012). A viabilidade de desenvolver meios alternativos para o cultivo de fungos, para além dos convencionais, como o Ágar Dextrose de Sabouraud (SDA) e o Ágar Dextrose de Batata (PDA), foi estudada por diferentes investigadores (Weststeijn e Okafor, 1971; Adesemoye e Adedire, 2005; Tharmilla e Thavaranjit, 2011). A necessidade de desenvolver meios alternativos tornou-se imperativa, uma vez que os meios convencionais ou não estão facilmente disponíveis ou são caros na maioria dos países em desenvolvimento (Weststeijn e Okafor, 1971).

A maçã, a laranja, a banana e outros frutos disponíveis localmente servem de matérias-primas facilmente disponíveis para a separação de leveduras de etanol. Eghafona (1999) isolou várias estirpes de leveduras indígenas capazes de produzir etanol a partir de sumo de ananás fermentado localmente. Bansal e Singh (2003) e Hossain *et al.* (2014) efectuaram um estudo comparativo sobre a produção de etanol a partir de melaço utilizando *Saccharomyces cerevisiae* e *Zymomonas mobilis*.

Silva *et al.* (2005) mostraram que os materiais de resíduos agrícolas suportam o bom crescimento de fungos. Os estudos microbiológicos dependem da capacidade de crescimento e manutenção de microrganismos em condições laboratoriais através do fornecimento de meios de cultura adequados que ofereçam condições favoráveis

(Beever e Bollard, 1970; Domsch e Anderson, 1980). Os nutrientes presentes nos resíduos incluem proteínas, hidratos de carbono e minerais. As proteínas constituem uma porção significativa das células microbianas e, por conseguinte, são necessárias para o crescimento dos microrganismos (Prescot e Harley, 2002). O teor de proteínas dos meios formulados deve ter assegurado um bom fornecimento de azoto, enquanto o teor de hidratos de carbono serviu como fonte adicional de carbono, sendo ambos essenciais para o bom crescimento dos fungos. O conteúdo mineral dos resíduos nos meios formulados foi provavelmente útil para alguns aspectos do metabolismo dos fungos. Embora a humidade (água) seja necessária a todos os organismos para os seus processos vitais e os fungos, em particular, necessitem de água para a digestão extracelular de nutrientes (Pelczar *et al.*, 1993), o teor de humidade de cada uma das amostras tem um efeito insignificante ou nulo no crescimento dos fungos testados, porque foram cultivados nos meios que continham água. Em termos de crescimento radial médio, o ágar de casca de batata doce foi considerado o melhor meio para o crescimento de três (Aspergillus *niger*, *Geotrichum candidum* e *Saccharomyces cerevisiae*) dos quatro fungos. Assim, produziu as taxas de crescimento mais elevadas nestes três fungos.

De acordo com Meletiadis *et al.* (2010), um meio nutritivo ótimo deve proporcionar não apenas um crescimento adequado, mas o melhor crescimento possível, de modo a permitir que os bolores e as leveduras cresçam sem restrições e expressem todos os fenótipos. A capacidade do ágar de casca de batata doce para suportar um bom crescimento dos fungos mostra que não só continha os nutrientes corretos, como também os continha provavelmente nas proporções corretas. O facto de os fungos cultivados em ágar de casca de batata doce terem tido um melhor desempenho na maioria dos casos do que quando foram cultivados no ágar dextrose de Sabouraud convencional mostra que o ágar de casca de batata doce poderia servir como um meio alternativo bom e possivelmente mais barato para o cultivo de alguns fungos do solo.

Ruth *et al.* (2012) relataram o uso de meios de cultura alternativos para o crescimento de fungos. O crescimento dos fungos nos meios formulados implica que os resíduos (cascas) que foram utilizados na formulação dos meios continham os nutrientes necessários para o crescimento dos fungos. Amadi e Moneke (2012) também registaram uma maior taxa de crescimento de micélios em ágar dextrose de batata-doce roxa do que em ágar dextrose de inhame.

Os resíduos de fruta contêm muitas substâncias reutilizáveis de elevado valor. Os resíduos das fábricas de conservas têm um elevado potencial de exploração com um futuro encorajador. Para além disso, as fibras alimentares e os antioxidantes fenólicos podem ser utilizados como um recurso nutracêutico iminente, capaz de oferecer um suplemento nutricional significativo e de baixo custo para as comunidades com baixos rendimentos. O mercado em expansão dos alimentos funcionais criou uma perspetiva gigantesca para a utilização dos recursos naturais. Se forem aplicados novos métodos científicos e tecnológicos, poderão ser obtidos produtos valiosos a partir de resíduos de fruta. A este respeito, os substratos baratos, como os resíduos de ananás, têm perspectivas promissoras. Assim, os subprodutos poluentes do ponto de vista ambiental poderiam ser convertidos em produtos com um valor económico mais elevado do que o produto principal. No entanto, a verificação desta hipótese é indispensável para a aplicação de resíduos de fábricas de conservas de fruta como matérias-primas industriais.

3. MATERIAIS E MÉTODOS

3.1. MÉTODOS GERAIS

3.1.1 Limpeza de objectos de vidro

Todos os objectos de vidro foram primeiro mergulhados numa solução de limpeza (100 g de dicromato de potássio foram adicionados a 100 ml de água destilada, seguida da adição de 50 ml de ácido sulfúrico concentrado) durante cerca de 12 horas e lavados em água da torneira. Finalmente, foram limpos com água destilada, secos e utilizados para o estudo.

3.1.2 Esterilização

Todos os meios foram esterilizados num autoclave a 15 libras de pressão durante 20 minutos. Os objectos de vidro foram esterilizados a 160 °C durante 1 hora num forno de ar quente.

3.1.3. Produtos químicos

Todos os produtos químicos utilizados nas experiências eram de grau de reagentes analíticos (AR) e foi utilizada água destilada durante todo o estudo.

3.2. CASCAS DE FRUTOS SELECCIONADAS PARA O PRESENTE ESTUDO

a)   Pinha

b)   Manga

c)   Fruto do Jack

d)   Banana verde

e)   Banana amarela

f)   Lima doce

g)   Romã

3.3. RECOLHA DE CASCAS DE FRUTA

As cascas de frutos selecionadas para o presente estudo foram recolhidas numa frutaria em Tirupattur, distrito de Vellore, Tamil Nadu, Índia. As cascas de frutos recolhidas foram secas à sombra, pulverizadas com a ajuda de um misturador, acondicionadas em sacos de plástico e armazenadas à temperatura ambiente.

3.4. ISOLAMENTO E IDENTIFICAÇÃO DE FUNGOS INDUSTRIALMENTE IMPORTANTES DO AR

3.4.1 Isolamento de fungos industrialmente importantes do ar

Os isolados fúngicos de importância industrial, *nomeadamente Aspergillus niger, Rhizopus stolonifer* e *Penicillium chrysogenum*, foram isolados pela técnica de placa aberta. As placas de ágar dextrose de Sabouraud foram preparadas e abertas no PG Biochemistry Laboratory, Sacred Heart College (Autónomo), Tirupattur (distrito de Vellore, Tamil Nadu, Índia) durante 15 minutos. As placas foram incubadas à temperatura ambiente durante 3 dias.

3.4.2 Manutenção de isolados de fungos

As colónias de fungos bem crescidas foram mantidas em placas de ágar dextrose de Sabouraud e armazenadas a 4 °C.

3.4.3 Identificação dos isolados fúngicos

A identificação dos isolados fúngicos foi efectuada pelos métodos de rotina, ou seja

a)   Pelo método de coloração com azul de algodão de lactofenol (LPCB)

b)   Colocação em ágar dextrose de Sabouraud

3.5. ANÁLISE QUALITATIVA E QUANTITATIVA DO CRESCIMENTO DE FUNGOS DE IMPORTÂNCIA INDUSTRIAL EM RESÍDUOS DE CASCAS DE FRUTOS

3.5.1 Preparação do inóculo

A suspensão de culturas com 4 dias de idade de fungos industrialmente importantes (*Aspergillus niger, Rhizopus stolonifer* e *Penicillium chrysogenum*) foi utilizada para estudar a análise qualitativa e quantitativa do crescimento. Foram preparadas em solução salina (0,85% de cloreto de sódio). As culturas fúngicas foram inoculadas em 50 ml de solução salina e incubadas à temperatura ambiente durante 5 horas.

3.5.2 Análise qualitativa do crescimento de fungos de importância industrial em resíduos de cascas de fruta

O efeito de sete resíduos de cascas de fruta diferentes, *nomeadamente*, pinha, manga, jaca, banana amarela, banana verde, lima doce e romã, no crescimento qualitativo de *Penicillium chrysogenum* foi estudado na presente investigação. Uma quantidade de 4,0 gramas de resíduos de casca de fruta foi adicionada a 100 ml de água destilada e esterilizada por autoclavagem a 121 °C durante 15 minutos. Após a esterilização, o caldo de resíduos de casca de fruta foi arrefecido e, em seguida, foi adicionado um ml de inóculo fúngico de importância industrial. O caldo adicionado com o inóculo foi incubado à temperatura ambiente durante 3 dias. A presença ou ausência de crescimento fúngico foi observada visualmente e registada.

3.5.3 Análise quantitativa do crescimento de fungos de importância industrial em resíduos de cascas de fruta

O efeito de sete resíduos de cascas de fruta diferentes, *nomeadamente*, pinha, manga, jaca, banana amarela, banana verde, lima doce e romã, no crescimento quantitativo de *Penicillium chrysogenum* foi estudado na presente investigação. Uma quantidade de 4,0 gramas de resíduos de casca de fruta foi adicionada a 100 ml de água destilada e esterilizada por autoclavagem a 121 °C durante 15 minutos. Após a esterilização, o caldo de resíduos de casca de fruta foi arrefecido e, em seguida, foi adicionado um ml de inóculo fúngico de importância industrial. O caldo adicionado com o inóculo fúngico foi incubado à temperatura ambiente durante 5 dias. O crescimento dos fungos foi medido no espetrofotómetro UV-vis a 580 nm durante os 3rd dias e os 5th dias.

3.6. ANÁLISE FT-IR DE CASCAS DE FRUTOS

O espetro de infravermelhos da amostra purificada foi analisado utilizando o espetrofotómetro de infravermelhos com transferência de Fourier (FT-IR). A análise do espetro de infravermelhos das cascas de fruta (pinha, manga, jaca, banana amarela, banana verde, lima doce e romã) foi utilizada para investigar os seus constituintes químicos e grupos funcionais. Estes são reconhecidos mesmo quando a quantidade de material disponível é muito pequena (Sachdev *et al.*, 2009).

4. RESULTADOS E DISCUSSÃO

O presente estudo teve como objetivo formular um meio de baixo custo utilizando resíduos de cascas de fruta para o cultivo de fungos industrialmente importantes (*Aspergillus niger*, *Rhizopus stolonifer* e *Penicillium chrysogenum*). Foram selecionadas para a presente investigação sete cascas de frutos diferentes, *nomeadamente* pinha, manga, jaca, banana amarela, banana verde, lima doce e romã. Os isolados fúngicos de importância industrial foram isolados no ar pelo método de placa aberta e identificados provisoriamente pela coloração com azul de algodão lactofenol (LPCB) e plaqueamento em ágar dextrose de Sabouraud. O crescimento dos isolados fúngicos de importância industrial foi estudado por análise qualitativa e quantitativa. Os grupos funcionais presentes nos resíduos de cascas de fruta foram também estudados na presente investigação por análise FT-IR. Os resultados da presente investigação foram discutidos em seguida.

4.1. ISOLAMENTO E IDENTIFICAÇÃO DE ISOLADOS FÚNGICOS INDUSTRIALMENTE IMPORTANTES DO AR

Três isolados fúngicos diferentes de importância industrial foram isolados do ar pelo método de placa aberta. Com base na coloração de azul de algodão com lactofenol (LPCB) e na morfologia das colónias em ágar dextrose de Sabouraud, os isolados fúngicos foram identificados como *Aspergillus niger, Rhizopus stolonifer* e *Penicillium chrysogenum*. O ar é uma excelente fonte para o isolamento de fungos porque os esporos de fungos são mais prevalentes no ar. Nesta perspetiva, a presente investigação foi planeada para isolar os fungos industrialmente importantes no PG Biochemistry Laboratory, Sacred Heart College (Autónomo), Tirupattur, Tamil Nadu, Índia, através da técnica de placa aberta. As caraterísticas dos isolados fúngicos são apresentadas a seguir.

4.1.1 Identificação dos isolados fúngicos - I

Exame microscópico

Estipe conidióforo de paredes lisas, hialino ou pigmentado. Vesículas sub - esféricas, cabeças conidiais radiadas. Células conidiogénicas bisseriadas. Medula duas vezes mais longa que as fiálides. Conídios castanhos, ornamentados com verrugas e cristas. As hifas são septadas.

Morfologia das colónias na placa SDA

Colónias negras, constituídas por um denso feltro de conidióforos.

A partir destes resultados, o isolado fúngico - I foi provisoriamente identificado como *Aspergillus niger*.

4.1.2 Identificação dos isolados fúngicos - II

Exame microscópico

Os esporangióforos são longos, frequentemente ramificados e apresentam esporângios terminais redondos cheios de esporos. As hifas são septadas e mostram a presença de rizóides.

Morfologia das colónias na placa SDA

As colónias cobrem rapidamente a superfície do ágar com micélios brancos e fofos, mas depois tornam-se cinzentas, o verso é branco.

A partir destes resultados, o isolado fúngico - II foi provisoriamente identificado como *Rhizopus stolonifer*.

4.1.3 Identificação dos isolados fúngicos - III

Exame microscópico

Hifas septadas com conidióforos ramificados ou não ramificados que têm ramos secundários conhecidos como medula. Na medula estão dispostos esterigmas em forma de frasco que contêm cadeias não ramificadas de conídios redondos. Toda a estrutura forma uma borda em forma de escova.

Morfologia das colónias na placa SDA

A superfície das colónias é inicialmente branca, tornando-se depois verde-azulada pulverulenta com um bordo branco. Algumas espécies diferem no aspeto grosseiro. O verso da colónia era branco.

A partir destes resultados, o isolado fúngico - III foi provisoriamente identificado como *Penicillium chrysogenum.*

4.2. ANÁLISE QUALITATIVA DO CRESCIMENTO DE FUNGOS DE IMPORTÂNCIA INDUSTRIAL EM RESÍDUOS DE CASCAS DE FRUTOS

4.2.1 *Aspergillus niger*

Foi estudado o efeito de sete resíduos de cascas de fruta diferentes, *nomeadamente,* pinha, manga, fruto do jaqueiro, banana amarela, banana verde, lima doce e romã, no crescimento qualitativo de *Aspergillus niger* e os resultados são apresentados no quadro 1. Observou-se que o crescimento de *Aspergillus niger* foi registado no meio que continha pinha, manga, fruto do jaqueiro e banana verde. O crescimento *de Aspergillus niger* não foi registado no meio que continha banana amarela, lima doce e romã.

4.2.2 *Rhizopus stolonifer*

Foi testado o efeito de sete resíduos diferentes de cascas de fruta, *nomeadamente,* pinha, manga, jaca, banana amarela, banana verde, lima doce e romã, no crescimento qualitativo de *Rhizopus stolonifer* e os resultados são apresentados no quadro 2. Foi registado que o crescimento de *Rhizopus stolonifer* foi observado no meio que continha pinha, manga, lima doce e romã. O crescimento *de Rhizopus stolonifer* não foi registado no meio que continha banana amarela, jaca e manga.

4.2.3 *Penicillium chrysogenum*

Foi estudado o efeito de sete resíduos de cascas de frutos diferentes, *nomeadamente,* pinha, manga, jaca, banana amarela, banana verde, lima doce e romã, no crescimento qualitativo de *Penicillium chrysogenum* e os resultados foram apresentados no quadro 3. Observou-se que *o* crescimento de *Penicillium chrysogenum* foi registado no meio que continha pinha, manga, lima doce e romã. O crescimento *de Penicillium chrysogenum* não foi registado no meio que continha banana amarela, jaca e manga.

Silva *et al.* (2005) mostraram que os materiais de resíduos agrícolas suportam o bom crescimento de fungos. Os estudos microbiológicos dependem da capacidade de crescimento e manutenção de microrganismos em condições laboratoriais através do fornecimento de meios de cultura adequados que ofereçam condições favoráveis (Beever e Bollard, 1970; Domsch e Anderson, 1980). Os nutrientes dos resíduos incluem proteínas, hidratos de carbono e minerais. As proteínas constituem uma porção significativa das células microbianas e, por conseguinte, são necessárias para o crescimento dos microrganismos (Prescot e Harley, 2002). O teor de proteínas dos meios formulados deve ter assegurado um bom fornecimento de azoto, enquanto o teor de hidratos de carbono serviu como fonte adicional de carbono, sendo ambos essenciais para o bom crescimento dos fungos. O conteúdo mineral dos resíduos nos meios formulados foi provavelmente útil para alguns aspectos do metabolismo dos fungos. Embora a humidade (água) seja necessária a todos os organismos para os seus processos vitais e os fungos, em particular, necessitem de água para a digestão extracelular de nutrientes (Pelczar *et al.*, 1993), o teor de humidade de cada uma das amostras tem um efeito insignificante ou nulo no crescimento dos fungos testados, porque foram cultivados nos meios que continham água. Em termos de crescimento radial médio, o ágar de casca de batata doce foi considerado o melhor meio para o crescimento de três (Aspergillus *niger*, *Geotrichum candidum* e *Saccharomyces cerevisiae*) dos quatro fungos. Assim, produziu as taxas de crescimento mais elevadas nestes três fungos.

Oladiji *et al.* (2010) referiram que a maioria das cascas de fruta são descartadas como resíduos depois de as porções interiores carnudas terem sido consumidas. É vital que as cascas sejam removidas da maioria das frutas antes de serem consumidas e, mais importante ainda, antes de serem utilizadas nas indústrias de sumos de fruta para evitar a contaminação. A transformação de frutos em sumos reduz e evita o desperdício quando os frutos estão na época.

Tabela - 1: Análise qualitativa do crescimento de *Aspergillus niger* em resíduos de cascas de fruta

S. Não	Resíduos de cascas de frutos	Crescimento *de Aspergillus niger*
1	Pinha	+
2	Manga	+
3	Fruto do Jack	+
4	Banana amarela	-
5	Banana verde	+
6	Lima doce	-
7	Romã	-

+ = Crescimento observado

- = Não se observa crescimento

Tabela - 2: Análise qualitativa do crescimento de *Rhizopus stolonifer* em resíduos de cascas de frutos

S. Não	Resíduos de cascas de frutos	Crescimento *de Rhizopus stolonifer*
1	Pinha	+
2	Manga	-
3	Fruto do Jack	-
4	Banana amarela	-
5	Banana verde	+
6	Lima doce	+
7	Romã	+

+ = Crescimento observado

- = Não se observa crescimento

Tabela - 3: Análise qualitativa do crescimento de *Penicillium chrysogenum* em resíduos de cascas de frutos

S. Não	Resíduos de cascas de frutos	Crescimento de *Penicillium chrysogenum*
1	Pinha	+
2	Manga	-
3	Fruto do Jack	-
4	Banana amarela	-
5	Banana verde	+
6	Lima doce	+
7	Romã	+

+ = Crescimento observado

- = Não se observa crescimento

4.3. ANÁLISE QUANTITATIVA DO CRESCIMENTO DE FUNGOS DE IMPORTÂNCIA INDUSTRIAL EM RESÍDUOS DE CASCAS DE FRUTOS

4.3.1 *Aspergillus niger*

Foi estudado o efeito de sete resíduos de cascas de fruta diferentes, a *saber*, pinha, manga, jaca, banana amarela, banana verde, lima doce e romã no crescimento quantitativo de *Aspergillus niger* e os resultados foram apresentados na Tabela - 4. A análise do crescimento qualitativo foi estudada medindo o crescimento fúngico no espetrofotómetro UV - vis a 580 nm durante os dias 3rd e 5th . O crescimento do *Aspergillus niger* foi maior no dia 5th de incubação quando comparado com o dia 3rd de incubação. A densidade ótica aumentou quantitativamente durante o dia 5th no meio que continha fruto de jaca (0,23), seguido de manga (0,21), ananás (0,20) e banana verde (0,19). Registou-se um menor crescimento no meio que continha banana amarela (0,03), banana verde (0,04) e romã (0,04).

4.3.2 *Rhizopus stolonifer*

Foi testado o efeito de sete resíduos de cascas de fruta diferentes, *nomeadamente,* pinha, manga, jaca, banana amarela, banana verde, lima doce e romã, no crescimento quantitativo de *Rhizopus stolonifer* e os resultados são apresentados no Quadro 5. A análise do crescimento qualitativo foi estudada medindo o crescimento *de Rhizopus stolonifer* no espetrofotómetro UV - vis a 580 nm durante os 3rd dias e 5th dias. O crescimento *de Rhizopus stolonifer* foi maior no dia 5th de incubação quando comparado com o dia 3rd de incubação. A densidade ótica aumentou quantitativamente durante os 5th dias no meio que continha banana verde (0,25), seguida de ananás (0,24), lima doce (0,23) e romã (0,20). Registou-se um crescimento menor no meio que continha Jack fruit (0,03), manga (0,03) e banana amarela (0,04).

4.3.3 *Penicillium chrysogenum*

Foi estudado o efeito de sete resíduos de cascas de fruta diferentes, *nomeadamente*, pinha, manga, jaca, banana amarela, banana verde, lima doce e romã, no crescimento quantitativo de *Penicillium chrysogenum* e os resultados foram tabulados no Quadro 6. A análise do crescimento qualitativo foi estudada através da medição do crescimento de *Penicillium chrysogenum* no espetrofotómetro UV - vis a 580 nm durante os 3rd dias e 5th dias. O crescimento *de Penicillium chrysogenum* foi maior em 5th dias de incubação quando comparado com 3rd dias de incubação. A densidade ótica aumentou quantitativamente durante os 5th dias no meio que continha banana verde (0,40), seguida de ananás (0,34), lima doce (0,28) e romã (0,25). Registou-se um crescimento menor no meio que continha Jack fruit (0,05), Yellow banana (0,04) e Mango (0,03).

Olukunle *et al.* (2007) opinaram que o sumo de fruta é a melhor coisa a seguir à fruta fresca e pode ser embalado em recipientes assépticos, facilmente transportáveis, que são menos susceptíveis a danos e têm um tempo de armazenamento relativamente longo. A extração e separação do sumo abrem, portanto, novas oportunidades de mercado para adaptar os produtos de fruta às exigências dos consumidores modernos.

De acordo com Meletiadis *et al.* (2010), um meio nutritivo ótimo deve proporcionar não apenas um crescimento adequado, mas o melhor crescimento possível, de modo a permitir que os bolores e as leveduras cresçam sem restrições e expressem todos os fenótipos. A capacidade do ágar de casca de batata doce para suportar um bom crescimento dos fungos mostra que não só continha os nutrientes corretos, como também os continha provavelmente nas proporções corretas. O facto de os fungos cultivados em ágar de casca de batata doce terem tido um melhor desempenho na maioria dos casos do que quando foram cultivados no ágar dextrose de Sabouraud convencional mostra que o ágar de casca de batata doce poderia servir como um meio alternativo bom e possivelmente mais barato para o cultivo de alguns fungos do solo.

Mondal *et al.* (2012) utilizaram cascas de pepino e laranja para avaliar a produção de proteína unicelular utilizando *Saccharomyces cerevisiae* por fermentação submersa. Os autores afirmam que a bioconversão de resíduos de frutas para a produção de proteínas unicelulares tem o potencial de resolver a deficiência mundial de proteínas alimentares através da obtenção de um produto económico para alimentação humana e animal. Os resíduos de frutos ricos em hidratos de carbono e outros nutrientes básicos podem apoiar o crescimento microbiano. As cascas de maçã, nabo, papaia e banana foram utilizadas para a fermentação alcoólica e a produção de biomassa por Kondari e Gupta (2012). Foi registada a utilização de sementes de leguminosas como meio nutritivo alternativo para bactérias e fungos (Tharmila *et al.*, 2011; Arulanantham *et al.*, 2012; Ravimannan *et al.*, 2014).

Ruth *et al.* (2012) relataram o uso de meios de cultura alternativos para o crescimento de fungos. O crescimento dos fungos nos meios formulados implica que os resíduos (cascas) que foram utilizados na formulação dos meios continham os nutrientes necessários para o crescimento dos fungos. Amadi e Moneke (2012) também registaram uma maior taxa de crescimento de micélios em ágar dextrose de batata-doce roxa do que em ágar dextrose de inhame.

Tabela - 4: Análise qualitativa do crescimento de *Aspergillus niger* em resíduos de cascas de fruta

S. Não	Casca de frutos	DO do meio	Crescimento de *Aspergillus niger* após incubação a 580 nm			
			OD em 3rd Dia	Aumento da DO em 3rd Dia	OD em 5th Dia	Aumento da DO em 5th dia
1	Romã	0.26	0.28	**0.02**	0.30	**0.04**
2	Ananás	0.29	0.37	**0.08**	0.49	**0.20**
3	Banana verde	0.30	0.36	**0.06**	0.49	**0.19**
4	Fruto do Jack	0.21	0.29	**0.08**	0.44	**0.23**
5	Lima doce	0.13	0.15	**0.02**	0.17	**0.04**
6	Banana amarela	0.14	0.15	**0.01**	0.17	**0.03**
7	Manga	0.12	0.20	**0.08**	0.33	**0.21**

Tabela - 5: Análise qualitativa do crescimento de *Rhizopus stolonifer* em resíduos de casca de fruta

S. Não	Casca de frutos	DO do meio	Crescimento de *Rhizopus stolonifer* após incubação a 580 nm			
			OD em 3rd Dia	Aumento da DO em 3rd Dia	OD em 5th Dia	Aumento da DO em 5th dia
1	Romã	0.26	0.30	**0.04**	0.46	**0.20**
2	Ananás	0.29	0.35	**0.06**	0.53	**0.24**
3	Banana verde	0.30	0.35	**0.05**	0.55	**0.25**
4	Fruto do Jack	0.21	0.22	**0.01**	0.24	**0.03**
5	Lima doce	0.13	0.20	**0.07**	0.36	**0.23**
6	Banana amarela	0.14	0.16	**0.02**	0.18	**0.04**
7	Manga	0.12	0.13	**0.01**	0.15	**0.03**

Tabela - 6: Análise qualitativa do crescimento de *Penicillium chrysogenum* em resíduos de cascas de frutos

S. Não	Casca de frutos	DO do meio	Crescimento de *Penicillium chrysogenum* após incubação a 580 nm			
			OD em 3rd Dia	Aumento da DO em 3rd Dia	OD em 5th Dia	Aumento da DO em 5th dia
1	Romã	0.26	0.36	**0.10**	0.51	**0.25**
2	Ananás	0.29	0.47	**0.18**	0.63	**0.34**
3	Banana verde	0.30	0.53	**0.23**	0.70	**0.40**
4	Fruto do Jack	0.21	0.24	**0.03**	0.26	**0.05**
5	Lima doce	0.13	0.23	**0.10**	0.41	**0.28**
6	Banana amarela	0.14	0.17	**0.03**	0.18	**0.04**
7	Manga	0.12	0.13	**0.01**	0.15	**0.03**

4.4. ANÁLISE FT-IR DE CASCAS DE FRUTOS

Tabela - 7: Análise FT-IR da casca de lima doce

S. Não	Grupo funcional	Tipo de variação	Absorção	Intensidade
1	Álcool (OH)	Esticar	3384,68 cm^{-1}	Forte
2	Alcano (CH)	Esticar	2924,00 cm^{-1}	Forte
3	Alcino (X)	-	2136,19 cm^{-1}	-
4	Aldeído (C=O)	-	1740,29 cm^{-1}	Forte
5	Amida (C=O)	X	1022.73	Forte
6	Aromáticos (C=C)	Esticar	1518,26 cm^{-1}	Médio
7	Aromáticos (C=C)	Esticar	1416.24	Médio
8	Halogenetos de alquilo (C-F)	Esticar	1373.07	Médio
9	Alcino (C-F)	Esticar	1206.10	Médio

10	Alcino (C-F)	Esticar	1329,50 cm	Médio
11	Amina (C-N)	Esticar	815.96	Médio
12	Alceno (C-H)	Esticar	832.96	Médio
13	Alceno (C-H)	Esticar	766.78	Médio
14	Alceno (C-H)	Esticar	618.95	Médio
15	Alceno (C-H)	Esticar	535.71	Médio

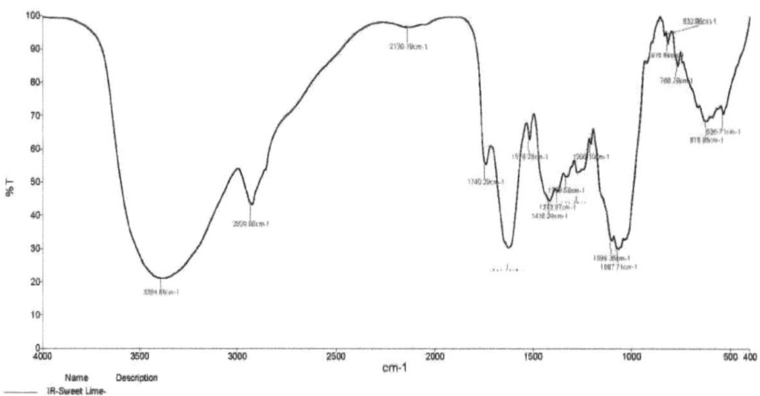

Figura - 1: Análise FT-IR da casca de lima doce

Quadro - 8: Análise FT-IR da casca de pinha

S.N.	Grupo funcional	Tipo de variação	Absorção	Intensidade
1	Amina (C-N)	Esticar	3402,62 cm^{-1}	Forte
2	Alcano (C-H)	Esticar	2921,14 cm^{-1}	Forte
3	Alcano (C-H)	Esticar	2853.07	Forte
4	Alcano ((C-H)	Esticar	2125.56	Forte
5	Aldeído (C=O)	-	-	-
6	Amida (C=O)	-	-	-
7	Aromáticos (C-H)	-	-	-
8	Alcino (N-H)	Esticar	-	-

9	Amina (N-C)	Esticar	1157.30	Forte
10	Amina (N-C)	Esticar	815.72	Forte
11	Anidridos (C=O)	Esticar	779.53	Forte
12	Anidridos (C=O)	Esticar	608.96	Forte

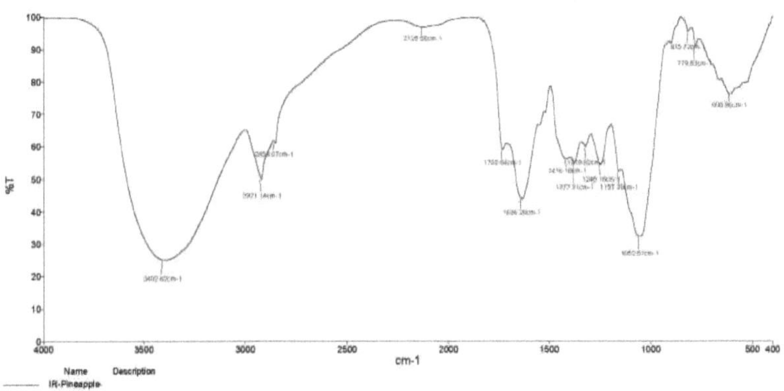

Figura - 2: Análise FT-IR da casca de maçã Pine

Quadro - 9: Análise FT-IR da manga

S.N.	Grupo funcional	Tipo de variação	Absorção	Intensidade
1	Amina (N-H)	Esticar	$3373,14\text{cm}^{-1}$	Médio
2	Alcano (C-H)	Esticar	$2922,63\ \text{cm}^{-1}$	Médio
3	Alcano (C-H)	Esticar	2853.31	Médio
4	Alcano (C-H)	Esticar	2123.28	Médio
5	Aldeído(C=O)	Forte	1742.85	Médio
6	Amida(N-H)	Esticar	$1629,60\text{cm}^{-1}$	Médio
7	Aromáticos(C-F)	Esticar	1417.09	Médio
8	Halogeneto de alquilo (C-F)	Esticar	1374.33	Forte
9	Amina (C-N)	Esticar	1242	Médio

10	Álcool (C-O)	Esticar	1056.38	Forte
11	Alceno(C-H)	Dobragem	922.07	Forte
12	Alceno(C-H)	Dobragem	868.15	Forte
13	Aromático	Dobragem	818.32	Forte
14	Aromáticos (C-H)	Dobragem	778.09	Forte
15	Halogeneto de alquilo	Dobragem	621,92cm	Forte

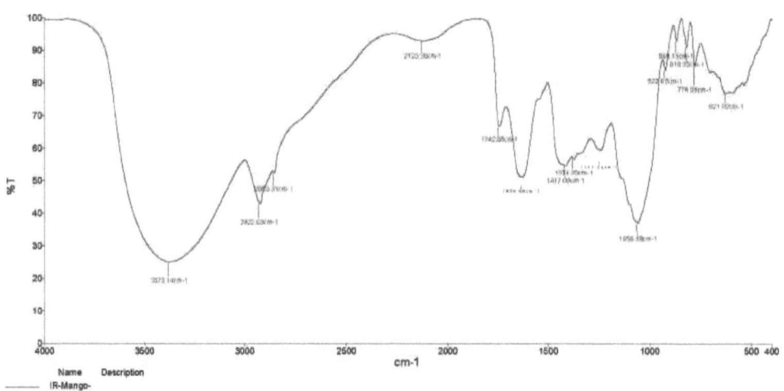

Figura - 3: Análise FT-IR da manga

Quadro - 10: Análise FT-IR da banana amarela

S.N.	Grupo funcional	Tipo de variação	Absorção	Intensidade
1	Amina (N-H)	Esticar	$3392{,}91cm^{-1}$	Médio
2	Alcano (C-H)	Esticar	$2925{,}34\ cm^{-1}$	Forte
3	Alcano (C-H)	Esticar	$2855{,}27\ cm^{-1}$	Variável
4	Éster (C=O)	Esticar	$1714{,}59\ cm^{-1}$	Forte
5	Amida (C=O)	Esticar	$1615{,}79\ cm^{-1}$	Forte
6	Halogeneto de alquilo (C=C)	Esticar	$1384{,}53\ cm^{-1}$	Forte
7	Ácido (C-O)	Esticar	$1224{,}31\ cm^{-1}$	Forte
8	Halogeneto de alquilo	Esticar	$1060{,}38\ cm^{-1}$	Forte

	(C=C)			
9	Alcano (C-H)	Dobragem	891,98 cm^{-1}	Variável
10	Alcano (C-H)	Dobragem	818,19 cm^{-1}	Forte
11	Alcano (C-H)	Dobragem	779,17 cm^{-1}	Forte
12	Halogeneto de alquilo (C-Cl)	Esticar	531,34 cm^{-1}	Forte

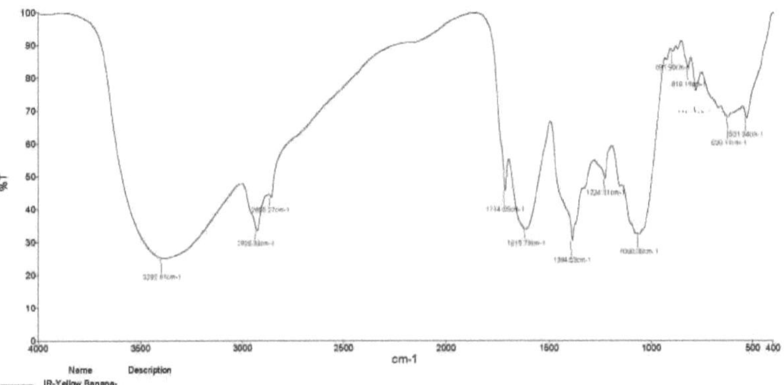

Figura - 4: Análise FT-IR da banana amarela

Quadro - 11: Análise FT-IR da banana verde

S.N.	Grupo funcional	Tipo de variação	Absorção	Intensidade
1	Amina (N-H)	Esticar	3393,60cm^{-1}	Médio
2	Alcano (C-H)	Esticar	2923,346 cm^{-1}	Médio
3	Alcano (C-H)	Esticar	2864,19 cm^{-1}	Forte
4	Éster (C=O)	Esticar	1734,97 cm^{-1}	Forte
5	Amidas	-	1634.14	Forte
6	Alcano (C-H)	Dobragem	1384.61	Variável
7	Halogenetos de alquilo (C-F)	Esticar	1243.90	Forte
8	Halogenetos de alquilo	Esticar	1061.64	Forte

	(C-F)			
9	Halogenetos de alquilo (C-F)	Esticar	1243.90	Forte
10	Halogeneto de alquilo	Esticar	1061.64	Forte
11	Halogeneto de alquilo	Esticar	889.48	Forte
12	Halogeneto de alquilo	Esticar	778.43	Forte
13	Halogeneto de alquilo	Esticar	620.43	Forte

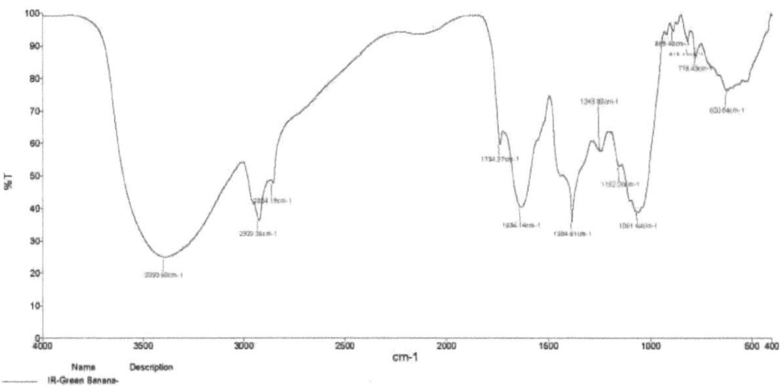

Figura - 5: Análise FT-IR da banana verde

Quadro - 12: Análise FT-IR da romã

S.N.	Grupo funcional	Tipo de variação	Absorção	Intensidade
1	Álcool (OH)	Esticar	3372,32 cm^{-1}	Forte
2	Alcano (CH)	Esticar	2934,16 cm^{-1}	Forte
3	Éster (C=O)	-	1732,16 cm^{-1}	Forte
4	Amida (N-H)	Esticar	1515,32 cm^{-1}	Forte
5	Amida (N-H)	Forte	1617,54 cm^{-1}	Forte
6	Amina (C-N)	Esticar	1232,72 cm^{-1}	Médio
7	Halogeneto de alquilo (C-F)	Esticar	1053,03 cm^{-1}	Forte

8	Alceno (C-H)	Dobragem	921,80 cm^{-1}	Forte
9	Alceno (C	Dobragem	876,27 cm^{-1}	Forte
10	Alceno (C	Dobragem	816,01 cm^{-1}	Forte
11	Alceno (C	Dobragem	774,37 cm^{-1}	Forte
12	Halogeneto de alquilo (C-Cl)	Esticar	629,58 cm^{-1}	Forte

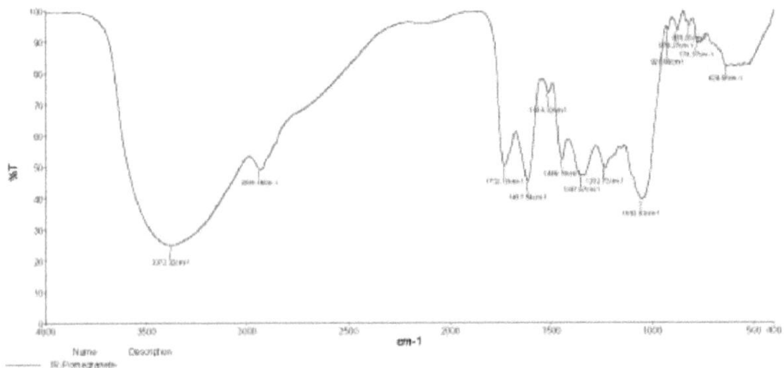

Figura - 6: Análise FT-IR da romã

Figura - 7 Análise do crescimento de *Rhizopus stolonifer* em resíduos de cascas de frutos

Figura - 8: Análise do crescimento de *Penicillium chrysogenum* em resíduos de cascas de frutos

Figura - 9: Análise do crescimento de *Penicillium chrysogenum* em resíduos de cascas de frutos

5. RESUMO

❖ As cascas dos frutos selecionados para o presente estudo (pinha, manga, jaca, banana amarela, banana verde, lima doce e romã) foram recolhidas numa frutaria em Tirupattur, distrito de Vellore, Tamil Nadu, Índia.

❖ As cascas dos frutos recolhidos foram secas à sombra, pulverizadas com a ajuda de um misturador, embaladas em tampa de plástico e armazenadas à temperatura ambiente.

❖ Os isolados fúngicos de importância industrial, *nomeadamente Aspergillus niger, Rhizopus stolonifer* e *Penicillium chrysogenum*, foram isolados através da técnica de placa aberta.

❖ A identificação dos isolados fúngicos foi efectuada pelos métodos de rotina, ou seja, (i) pelo método de coloração com azul de algodão de lactofenol (LPCB) e (ii) por sementeira em ágar dextrose de Sabouraud.

❖ Foi estudado o efeito de sete resíduos de cascas de fruta diferentes, *nomeadamente,* pinha, manga, jaca, banana amarela, banana verde, lima doce e romã, no crescimento qualitativo e quantitativo de fungos importantes para a indústria. Na análise quantitativa, o caldo adicionado ao inóculo fúngico foi incubado à temperatura ambiente durante 5 dias. O crescimento dos fungos foi medido no espetrofotómetro UV-vis a 580 nm durante os 3rd dias e os 5th dias.

❖ O crescimento *de Aspergillus niger* foi registado no meio que continha pinha, manga, fruta-do-conde e banana verde. O crescimento *de Aspergillus niger* não foi registado no meio que continha banana amarela, lima doce e romã.

❖ O crescimento *de Rhizopus stolonifer* foi registado no meio que contém pinha, manga, lima doce e romã. O crescimento *de Rhizopus stolonifer* não foi registado no meio que continha banana amarela, jaca e manga.

❖ O crescimento *de Penicillium chrysogenum* foi registado no meio que continha pinha, manga, lima doce e romã. O crescimento *do Penicillium chrysogenum* não foi registado no meio que continha banana amarela, jaca e manga.

❖ O crescimento *de Aspergillus niger* foi maior em 5th dias de incubação quando comparado com 3rd dias de incubação. A densidade ótica aumentou quantitativamente durante os 5th dias no meio que continha fruto de jaca (0,23), seguido de manga (0,21), ananás (0,20) e banana verde (0,19). Registou-se um menor crescimento no meio que continha banana amarela (0,03), banana verde (0,04) e romã (0,04).

❖ O crescimento *de Rhizopus stolonifer* foi maior em 5th dias de incubação quando comparado com 3rd dias de incubação. A densidade ótica aumentou quantitativamente durante os 5th dias no meio que continha banana verde (0,25), seguida de ananás (0,24), lima doce (0,23) e romã (0,20). Registou-se um crescimento menor no meio que continha Jack fruit (0,03), manga (0,03) e banana amarela (0,04).

❖ O crescimento *de Penicillium chrysogenum* foi maior em 5th dias de incubação quando comparado com 3rd dias de incubação. A densidade ótica aumentou quantitativamente durante os 5th dias no meio que continha banana verde (0,40), seguida de ananás (0,34), lima doce (0,28) e romã (0,25). Registou-se um crescimento menor no meio que continha Jack fruit (0,05), Yellow banana (0,04) e Mango (0,03).

❖ A análise das cascas de frutos (pinha, manga, jaca, banana amarela, banana verde, lima doce e romã) foi efectuada com recurso ao espetrofotómetro de infravermelhos com transferência de Fourier (FT-IR) para investigar os seus constituintes químicos e grupos funcionais.

6. CONCLUSÃO

O presente estudo revelou que os materiais residuais da casca da fruta contêm minerais e nutrientes que podem satisfazer as necessidades nutricionais de fungos industrialmente importantes. Assim, podem ser utilizados como materiais alternativos na formulação de meios de cultura para o cultivo *in vitro* de fungos para fins industriais e de investigação. Uma vantagem importante das cascas de fruta utilizadas na formulação dos vários meios é o facto de estarem facilmente disponíveis na Índia. Ao resolver o problema da escassez de meios de cultura para a prática laboratorial, o resultado desta investigação contribuirá em muito para melhorar este problema. É ainda necessária mais investigação sobre a aplicação de ferramentas e métodos modernos no estudo da fisiologia dos fungos, uma vez que isso ajudará a manipular os resíduos em formas utilizáveis.

7. REFERÊNCIAS

1) Adesemoye AO, Adedire CO (2005). Utilização de cereais como meio basal para a formulação de meios de cultura alternativos para fungos. *Jornal de Microbiologia e Biotecnologia* da África Ocidental, 21: 329-336.

2) Aggelopoulos, T., Katsieris, K., Bekatorou, A., Pandey, A., Banat, I. M., Koutinas, A.A., (2014). Fermentação em estado sólido de misturas de resíduos alimentares para proteínas unicelulares, voláteis de aroma e produção de gordura. *Química Alimentar* 145: 710-716.

3) Ainsworth R, Bisby T (1995). *Dictionary of Fungi Sedition* Oxon, CAB *International Uk*: 6.

4) Alam, M.Z., Muhammad, N., Mahmat, M.E., (2005). Produção de celulase a partir de biomassa de óleo de palma como substrato por bioconversão em estado sólido. Am. *Journal of Applied Science*. 2 (2): 569.

5) Alavrez R. e Liden G. (2007). Co-digestão semi-contínua de resíduos sólidos de matadouro, estrume e resíduos de frutos e vegetais. *Renewable Energy, 33*: 726-734.

6) Ali, S.M., Pervaiz, A., Afzal, B., Hamid, N., Yasmin, A., (2014). Despejo a céu aberto de resíduos sólidos urbanos e seus impactos perigosos na diversidade do solo e da vegetação em locais de despejo de resíduos da cidade de Islamabad. *Jornal da Ciência da Universidade Rei Saud*. 26 (1): 59-65.

7) Amadi OC, Moneke AN (2012). Utilização de tubérculos contendo amido para a formulação de meios de cultura para o cultivo de fungos. Afr. J. Microbiol. Res., 6 (21): 527-4532.

8) Arulanantham, R, Pathmanathan, S, Ravimannan, N e Kularajany, N.*(2006)*. Meios de cultura alternativos para o crescimento bacteriano utilizando diferentes formulações de fontes de proteínas. *Natural Product Plant Resource*, 2: 697-700.

9) Bansal R, Sîngh RS (2003). Um estudo comparativo sobre a produção de etanol a partir de melaço utilizando Saccharomyces cerevisiae e Zymomonas mobilis J, Ind. Microbiol, 43: 261-264

10) Beever S, Bollard CV (1970). A Natureza da Estimulação do Crescimento Fúngico pelo Extrato de Batata. J. Gen. Microbiol, 60: 273-279.

11) Behera, S.S.; Ray, R.C. Solid, (2016). fermentação de estado para a produção de celulases microbianas: Avanços recentes e estratégias de melhoria. *Revista Internacional de Macromoléculas Biológicas. 86: 656-669.*

12) *Beohner H.L. e Mindler A.B. (1949).Ion exchange in waste treatment. Industrial and Engineering Chemistry, 41: 448-452.*

13) *Dacera D.D.M., Babel S. e Parkpian P. (2009). Potencial de aplicação no solo de lamas de depuração contaminadas tratadas com líquido fermentado de resíduos de ananás. Journal of Hazardous Materials, 167: 866-872.*

14) *Dhanasekaran, D., Lawanya, S., Saha, S., Thajuddin, N., Panneerselvam, A., 2011. Produção de proteína unicelular a partir de resíduos de ananás utilizando levedura. Biotecnologia Alimentar Inovadora Romen. 8.*

15) *Domsch KH, Gam W, Anderson T (1980). Compêndio de fungos do solo. Academic Press Limited Mc Graw-Hill Publishers London. pp. 105-106.*

16) *Eghafona NO, Aluyi HAS, Uduehi IS (1999). Produção de álcool a partir de sumo de ananás: Estudo comparativo de Zymomonas mobilis e Saccharomyces uvarum. Níger. J. Microbiol. 13: 117-122.*

17) *Essien, J., Akpan, E., Essien, E., (2005). Estudos sobre o crescimento de bolores e a produção de biomassa utilizando resíduos de casca de banana. Bio resource. Technol. 96 (13): 1451-1456.*

18) *Fengel, D., & Wegener, G. (Eds.) (1989). Wood: Chemistry, ultrastructure, reactions, Walter de Gruyter, New York.*

19) Forgatty WM, Kelly CT. (2013). Enzimas pécticas. In: Forgatty WM, Ed. Microbial enzymes and biotechnology. London: *Enviromnental and Applied Science Publishers. 131-82.*

20) Gao LM, Sun H, Liu XZ, Che YS (2007). Efeitos da concentração de carbono e

da relação carbono/azoto no crescimento e esporulação de vários fungos de controlo biológico. *Mycological Research*, 111: 87-92.

21) Gomez-Pazos JM, Cuoto SR, Sanroman MA, (2005). Farelo de castanha e de cevada como substrato potencial para a produção de lactase por *Coriolopsis rigida* em condições de estado sólido, *Food Journal of Engnieering*, 68:315-319.

22) Ha, M-.A., Apperley, D.C., Evans, B.W., Huxham, I.M., Jardine, W.G., Vietor, R.J., Reis, D., Vian, B., & Jarvis, M.C. (1998). Estrutura fina em microfibrilas de celulose: NMR evidence from onion and quince. *The Plant Journal*, 16: 183-190

23) Hawker LE, Alan L (1979). *Microorganisms function, form and environments* 2nd edition McGraw-Hill Publishers London. pp 90-182.

24) Hossain Z, Golam F, Jaya NS, Mohmmad SA, Rosli H, Amru NB (2014). Produção de bioetanol a partir de sumo de açúcar fermentável. Scientific J. World. 1: 1-11

25) Jamal, P., Saheed, Olorunnisola K., Alam, Zahangir, (2012). Potencial de biovalorização de cascas de banana (Musa sapientum): uma visão geral. *Asian Journal of Biotechnology.* 4 (4): 1-14.

26) Kandari, V. e S. Gupta, (2012). Bioconversão de resíduos de cascas de vegetais e frutas em produto viável, *Journal of Microbiology and Biotechnology*, 2: 308312.

27) Klemm, D., Philipp, B., Heinze, T., Heinze, U., & Wagenknecht, W. (Eds.) (1998). *Comprehensive Cellulose Chemistry,* Wiley VCH, Chichester.

28) Kuhn DM, Ghonnoum MA (2003). Bolor de interior, fungos toxigénicos e *Stachybotrys chartarum.* Perspetiva da doença infecciosa. *Clinical Microbiology Review*, 16 (1):144-172.

29) Larrauri J A, Ruperez P. e Calixto F. S. (1997). A casca do ananás como fonte de fibra alimentar com polifenóis associados. *Journal of Agricultural and Food Chemistry,* 45: 4028-4031.

30) Lim, J.Y., Yoon, H.-S., Kim, K.-Y., Kim, K.-S., Noh, J.G., Song, I. G., (2010).

Condições óptimas para a hidrólise enzimática do sumo de resíduos de cidra utilizando a metodologia de superfície de resposta (RSM). *Ciência dos Alimentos Biotecnologia.* 19 (5): 1135-1142.

31) Mainoo N.O.K, Barrington S., Whalen J.K. e Sampedro L. (2009). Vermicompostagem em escala piloto de resíduos de ananás com minhocas nativas de Accra, Gana. *Bioresource Technology*, 100: 5872-5875.

32) Mateen A, S. Hussain, SU. Rehman, B. Mahmood, MA. Khan, A. Rashid, M. Sohail, M. Farooq e A. Shah, (2012). Adequação de vários agentes gelificantes derivados de plantas como substituto do ágar em meios de crescimento microbiológico. *Jornal Africano de Biotecnologia*, 11: 10362-10367.

33) Meletiadis J, Jacques FG, Meis PE (2001). Análise das caraterísticas de crescimento de fungos filamentosos em diferentes meios nutritivos. J. Clin. Microbiol, 39(2):478- 484.

34) Milala, M. A., A. Shugaba, A. Gidado, A. C. Ene, e J. A.Wafar, (2005). Estudos sobre a utilização de resíduos agrícolas para a produção de enzimas de celulase por *Aspegillus niger*. *Revista de Investigação em Agricultura e Ciências Biológicas*, 1(4): 325-328.

35) Mondal AK, S. Sengupta, J. Bhowal, DK. Bhattacharya, (2012). Utilização de resíduos de frutas na produção de proteína unicelular. *Revista Internacional de Ciência*, 1: 430-438.

36) Mussatto, S.I.; Ballesteros, L.F.; Martins, S.; Teixeira, J.A. (2006). Utilização de Resíduos Agroindustriais em Processos de Fermentação em Estado Sólido. Em Resíduos Industriais; InTech: Rijeka, Croácia; 121-141.

37) Naqvi, S. H. A., M. U. Dahot, M. Y. Khan, J. H. Xu, e M. Rafiq, (2013). Utilização do bagaço de cana-de-açúcar como fonte de energia para a produção de lipase por *Aspergillus fumigates*. *Pakistan Journal of Botany*, 45(1): 279-284.

38) Nigam J.N. (1999b). Cultivo contínuo da levedura Candida utilis a diferentes taxas de diluição em resíduos de fábricas de conservas de ananás. *World Journal of*

Microbiology & Biotechnology, 15: 115-117.

39) Northolt M.D, Bullerman LB (1982). Prevention of mould Growth and Toxin Production through Control of Environment Conditions (Prevenção do crescimento de bolores e da produção de toxinas através do controlo das condições ambientais). *Food. Production, 6:* 519-526.

40) Nunes M.C.N., Emond J.P., Rauth M., Dea S. e Chau K. V. (2009). As condições ambientais encontradas durante a exposição típica do consumidor no retalho afectam a qualidade e o desperdício de frutas e vegetais. *Postharvest Biology and Technology. 51*: 232-241.

41) Nwabueze TU, Otuwa U (2006). Efeito da suplementação de cascas de fruta-pão africana *(Treculia africana)* com resíduos orgânicos no crescimento de *Saccharomyces cerevisiae. Jornal Africano de Biotecnologia*, 5(16): 14941498.

42) Ofuya A, Nwajuiba CJ (1990). Microbial dedgradation and utilization of cassava peels, *Word Journal Microbiology and Biotechnology.* 6:144-148.

43) Okonkwo IO, Oiabode OP, Okeleji OS (2006). O papel da biotecnologia no avanço socioeconómico e no desenvolvimento nacional. *Jornal Africano de Biotecnologia*, 5(19): 2354-2366.

44) Oladiji AT, Yakubu MT, Idoko AS, Adeyemi O, Salawu MO (2010). Estudos sobre as propriedades físico-químicas e a composição em ácidos gordos do óleo da casca da banana-da-terra madura (*Musa parasidiaca*). *Ciência Africana*, 11: 73-8.

45) Olukunle JO, Oguntunde PG, Olukunle OF. Desenvolvimento de um sistema de extração e distribuição de sumo de fruta fresca. Procedimentos da Conferência sobre Investigação Agrícola Internacional para o Desenvolvimento; 9-11 de outubro de 2007, Tropentag, Universidade de Kassel-Witzenhausen e Universidade de Gottingen, Alemanha 2007, pp. 1-4.

46) Omojasola, P. F., Jilani, P. Omowumi, e S. A. Ibiyemi, "Cellulase production by some fungi cultured on pineapple waste," *Nature and Science*, 6(2): 64-79.

47) Papaioannou, E. H. e M. Liakopoulou-Kyriakides, (2012). Utilização de resíduos

agroalimentares por *Blakeslea trispora* para a produção de carotenóides," *Ata Biochimica Polonica*, 59(1): 151-153.

48) Pelczar MC, Chan ECS, Krieg NR (1993). *Microbiologia*. 5ª ed., Tata McGraw-Hill, Nova Deli, Índia. Tata McGraw-Hill, Nova Deli, Índia: 917.

49) Prescot LM, Harley DA (2002). Microbiology 5th Edition McGraw-Hill Publishers London. pp 105-106.

50) Rasu Jayabalan, K.M., Sathishkumar, Muthuswamy, Swaminathan, Krishnaswami, Yun, Sei.-Eok, 2010. Caraterísticas bioquímicas do fungo do chá produzido durante a fermentação da kombucha. *Ciência dos Alimentos Biotecnologia*. 19 (3): 843-847.

51) Ravimannan N, R. Arulanantham, S. Pathmanathan e Kularajani N, meios de cultura alternativos para o crescimento de fungos usando diferentes formulações de fontes de proteína, *Annals of Biological Research*, 2014; 5: 36-39.

52) Ruth AO, Gabriel A, Mirrila EB (2012). Formulação de meio basal utilizando *Canavalia ensiformis* como fonte de carbono e azoto para o crescimento de algumas espécies de fungos. *Journal of Microbiological and Biotechnological Food Science*. 1: (4)1136-1151.

53) Sachdeva, A., C. P. Cannon, P. C. Deedwania, K. A. Labresh, S. C. Smith e D. Dai. 2009. Lipid levels in patients hospitalized with coronary artery disease: an analysis of 136,905 hospitalizations in get with the guidelines. *American Health Journal,* 157: 111-117.

54) Saheed, O.K., Jamal, P., Karim, M.I.A., Alam, Z., Muyibi, S.A., (2013). Resíduos de frutas celulolíticas: um suporte potencial para a produção de proteínas assistidas por enzimas. *Journal Biological Science*. 13 (5), 379-385.

55) Sanchéz, C. (2009). Resíduos Lignocelulósicos: Biodegradação e Bioconversão por Fungos. Biotechnology Advances, Vol.27, No.2, (março-abril 2009), pp. 185-194, ISSN 0734- 9750.

56) Schieber A., Stintzing F.C. e Carle R. (2001). Subprodutos da transformação de

alimentos vegetais como fonte de compostos funcionais - desenvolvimentos recentes. *Trends in Food Science and Technology,* 12: 401-413.

57) Selke SE (1990). *Package and the environment. alternative trends and solutions,* Tecnomic Publishing Company, Lanchester PA.67.

58) Smith JE, Anderson JG, Aidoo EK (1987). Bio-processing of Lignocellulose *Philosophical Transaction of the Royal Society of London Series A.* 321: 507521.

59) Taherzadeh, M.J., & Karimi, K. (2008). Pré-tratamento de resíduos lignocelulósicos para melhorar a produção de etanol e biogás: uma revisão. *Jornal Internacional de Ciência Molecular,* 9: 1621-1651.

60) Tchobanoglous GH, Theisen SV (1993). Integrated solid waste managememte engineering principles and management issues, NewYork Mc Graw-Hill: 20-22.

61) Tharmila S, Jeyaseelan EC e Thavaranjit AC, (2011). Triagem preliminar de meios de cultura alternativos para o crescimento de alguns fungos selecionados, Arch. *Applied Science Research,* 3: 389-393.

62) Tharmila TS, Thavaranjit AC (2011). Triagem preliminar de meios de cultura alternativos para o crescimento de alguns fungos selecionados Arch. Appl. Sci. Res. 3(3):389-393.

63) Tijani, I.D.R., Jamal, P., Alam, M., Mirghani, M., (2012). Otimização do meio de casca de mandioca para uma alimentação animal enriquecida pelos fungos de podridão branca Panus tigrinus M609RQY. *International Food Research Journal* 19 (2): 427-432.

64) Walker G.M, White NA (2005). Introduction to Fungal Physiology (Introdução à fisiologia dos fungos). McGraw-Hill Publishers London: 10.

65) Weststeijn G, Okafor N (1971). Comparação de ágar de mandioca, inhame e batata-dextrose como meios de cultura de fungos. *Nether. Journal of Plant Pathology.* 11: 134-139.

yes
I want morebooks!

Buy your books fast and straightforward online - at one of world's fastest growing online book stores! Environmentally sound due to Print-on-Demand technologies.

Buy your books online at
www.morebooks.shop

Compre os seus livros mais rápido e diretamente na internet, em uma das livrarias on-line com o maior crescimento no mundo! Produção que protege o meio ambiente através das tecnologias de impressão sob demanda.

Compre os seus livros on-line em
www.morebooks.shop

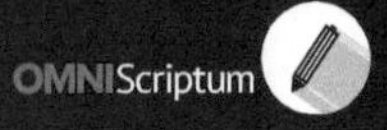

Printed by Books on Demand GmbH, Norderstedt / Germany